科学で
遊ぼう！

身近な材料で

Kids おもしろ 科学実験ラボ

Kids Science Laboratory

青野裕幸／相馬惠子／富田 香

いかだ社

はじめに
身近なものの工夫が原体験に

「実験」というと、おおげさな響きで「むずかしい」と思ってしまいがちですが、本書で紹介した「実験」は、身近なものですぐにできるものばかりです。そして「実験して終わり」ではなく、「こうやったらどうなるだろう？」という工夫ができるものを選んであります。「実験」にはそんな魅力がたくさんあります。

学校でやるような「データをとるための実験」とはちがう楽しい世界にはまってほしいな、と思っています。

きっとそれが次の疑問や工夫につながるはずです。

＊星印は、実験・観察の難易度をあらわしています。

実験

★★

★★★

観察

実験・観察の前に用意しておくと便利な道具

◆筆記用具……鉛筆・色鉛筆・消しゴム・水性ペン・油性マーカー・不透明油性ペン（ペイントマーカー、水性ポスカなど）・クレヨン

◆接着道具……セロハンテープ・両面テープ・固形のり・木工用ボンド

◆切る時に使う道具……はさみ・カッター

◆その他……ホチキス・穴あけパンチ・千枚どおし・キリ・定規

☆各ページの“用意するもの”には、その作品をつくるために必要なものを表示してあります。

楽しく実験・観察を するためのポイント

1 失敗してもあきらめない

1回でうまくいくとは限りません。ちょっとしたバランスや分量のちがいなどで失敗してしまうこともあります。そういう場合は、あきらめないで「なぜうまくいかなかったのだろう？」という気持ちで、失敗の理由を考えることも大切なことです。

2 工夫をしよう

実験をしていると、いろいろな「もっと」「どうして」という気持ちがでてきます。それが実験や観察のおもしろさにつながります。自分なりに工夫して、改良しながらオリジナル実験に発展させましょう。

どうしてかな？

穴が大きすぎた？

わぁ！ついた!!

どうしてつかないのかな？

実験中は、ふざけたり、よけいなおしゃべりはしちゃだめだよ

「実験・観察」というと、むずかしいと思ってしまいがちですが、この本では身近にある道具や素材を使って、家でもかんたんにできる実験や観察を紹介しています。いろいろな実験を通して、科学のおもしろさ、楽しさにふれてみましょう。

3 片づけまでが実験

実験や観察をした後「おもしろかった！」で、終わりではありません。実験で一番大切なことは後片づけです。使った器具や道具は次にやる時のために、きちんと整理整頓しておきましょう。ごみもきちんと捨てましょう。

ちゃんと後片づけ！

ゴミ

実験道具

4 安全対策をしっかりとしよう

● 火や化学薬品、電気製品などを使う時は、かならず大人の人と一緒にしましょう。
● はさみ、カッターナイフ、針金など、先のとがったものを使う時は、けがをしないように気をつけましょう。
● 水などを使う実験の時は、ぬれてもいいように、新聞紙やレジャーマットなどをしいておきましょう。

何作ってるの！

あぶないからやめて!!

ペットボトルの中の竜巻

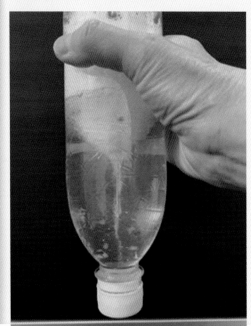

ボクシングのパンチをするように、片手でにぎっていきおいよくつき出して止めると、ボトルの中に竜巻のような渦があらわれます。身の回りのものを使って、竜巻をつくってみましょう。

用意するもの

ペットボトル、ドレッシングの空きびんなど
食器洗い用洗剤　水
ラメやビーズなど小さいもの

手順

1 ペットボトルなら半分、空きびんなら8分目くらい水を入れる。

2 その中に食器洗い用洗剤を2〜3滴入れる。

2〜3滴

3 ラメやビーズ、小さく切ったプラスチックなど、水と一緒に回るものを入れる。

4 しっかりフタをする。

(やってみよう)

ボトルの中に竜巻をつくる

① ペットボトルなら片手で逆さまに持ち、パンチをするようにいきおいよく前につき出してピタッと止める。（びんなら逆さでなくてもOK）

② 止めたまましばらく動かさないで、中の竜巻がどのように変化していくか観察しよう。

いきおいよくつき出して、ピタッと止めるのがポイントだよ。

発展 いろいろな形のボトルで試してみよう

● 一番きれいに竜巻ができるボトルは、どんな形のボトルかな？

● ジャムの空きびんや調味料入れはどうだろう？

竜巻ができるボトルの形とできない形があるのかな？

失敗しないコツ

食器洗い用洗剤はたくさん入れると泡が立ちすぎるので、入れすぎないようにしよう。

7

クラックビー玉
（ひび割れビー玉）

ガラスやプラスチックなど透明なものや金属がキラキラ光って見えるときれいですね。
ビー玉を宝石のように輝かせてみましょう。

用意するもの

ビー玉　金属のトレイ（加熱できるもの）　氷水　ボウル
オーブントースター
鍋つかみなど
小物アレンジに必要なパーツ
（アルミの針金<太さ1mm、長さ10cmほど>など）

手順

1 金属のトレイにビー玉を乗せ、オーブントースターで加熱（温度250℃で15分）する。ビー玉は重ならないよう、10個ぐらいまでにする。

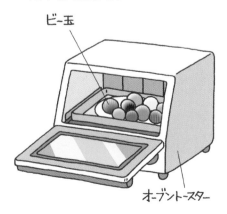

ビー玉

オーブントースター

2 ボウルに入れた氷水に加熱したビー玉を入れ、10分ほど冷やす。

ジュッ!

氷

実験

アクセサリーにしてみよう

できたクラックビー玉は、そのままびんなどに入れてかざってもよいが、写真のようにアルミワイヤーで巻いてストラップやアクセサリーにアレンジしてみよう。

わたしが
つくったのよ

ミ二知識 どうしてひび割れするのかな

ものは温まるとふくらみ、冷えるとちぢむ性質があります。オーブンで温められてふくらんだビー玉は氷水で急激に冷やされて、今度は一気にちぢもうとします。温度差が大きいぶん、ちぢもうとする力も強いので、たえきれずにひび割れしてしまいます。

クラックビー玉は、中のひびで光が反射する面が多くなって、キラキラ光ってみえるというわけなのね

キラキラ

失敗しないコツ

表面に透明なマニキュアやレジンをぬると割れにくくなる。

注意しよう

ビー玉だけでなく、トレイやオーブントースターの外側も熱くなっているので、やけどに注意。大人と一緒にやろう。

壁に太陽をうつそう

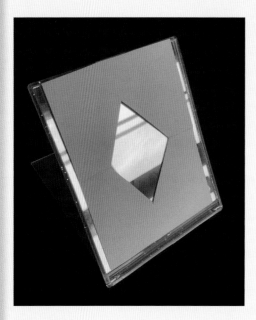

太陽の光を鏡に当てると、光は反射してどこかにうつります。これは太陽の光が強いので、遠くまで届いて起こっているからです。

では、鏡ではね返した光はどんな形でうつるのでしょうか？

用意するもの

鏡　厚紙や画用紙
カッター

実験

手順

1 厚紙や画用紙を切りぬいて、鏡をおおうための星形や三角形など、何種類かの形をつくっておく。

2 つくった厚紙と鏡を準備して、天気のよい日を待とう。

(やってみよう)

① 部屋の中で実験する

太陽の光を反射させて壁に光を当ててみよう。どんな形でうつるだろう。

＊鏡に厚紙のカバーをつけて、どんな形にうつるかを見てみよう。

② 外で実験する

外に出て、遠くの壁にうつしてみよう。光はどんな形でうつるかな。壁までの距離を変化させて、どんな形で光がうつるのかを記録しておこう。

実験

ミニ知識
鏡で太陽の光を受ける

鏡には部屋のようすも外の風景も遠くの景色もうつります。ということは丸い太陽もそのままうつっているはずですね。ところが、鏡と壁までの距離が短いと、太陽の丸い形をうつすことができないのです。それは太陽があまりにも遠くにあるからです。厚紙で形をつくっても壁に近いと、その形の光がうつりますが、壁から離れると太陽の形である丸になってきます。

注意しよう

● 反射した光は目に当てないようにしよう。
● ガラスの鏡を使う時には、割らないように注意しよう。

失敗しないコツ

天気のよい昼の時間帯で、太陽の光が思いきり当たっている時に実験しよう。

封筒の中身を見る

最近は、メールやSNSでのやりとりが増えて、手紙を出すことはずいぶん減りました。
家にある封筒を探して、おもしろい実験をしてみましょう。

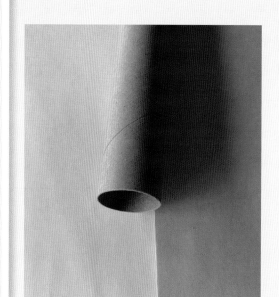

用意するもの

白や茶色などの封筒
白い紙　筆記用具
ラップの芯

手順

1 白い紙に、いろいろなペンで秘密のメッセージをかく。

今度は赤でかこう！

2 白い封筒と茶色の封筒にメッセージをかいた紙を入れる。

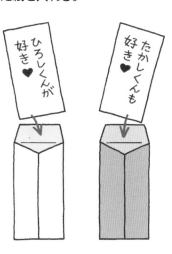

ひろしくんが好き♥

たかしくんも好き♥

やってみよう

① 封筒の外側からよく観察して、中身が見えるかを確かめよう。
② 封筒を窓にすかして、光の通り方を変えるとどうなるだろう。
③ ラップの芯の穴を通して観察したらどうなるだろう。
④ いろいろな封筒で同じように実験してみよう。

見えるかな？

いろいろな封筒！

ミニ知識
見え方から理由を考えよう

暑い夏の日に、白い服を着ているとすずしく感じるのは、白い色が光を反射しているからです。白い封筒は外からの光を反射するので白く見えるのです。しかし、茶色い封筒は白い封筒よりも光を反射しにくいのです。

ラップの芯で、外からの光をさえぎると、反対側からの光がつきぬけてくるだけなので、封筒の内部が見えるのです。

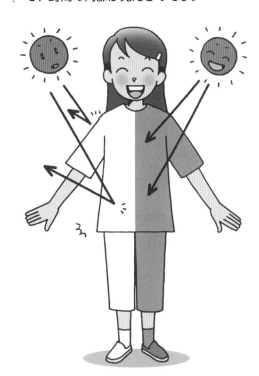

実験

注意しよう

● 太陽にすかして見る時、太陽の光を長時間見つめないようにしよう。

見つめないでね！

失敗しないコツ

白い封筒は、二重になっているもののほうがよい。

13

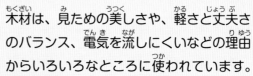

木材の性質を調べよう

木材は、見ための美しさや、軽さと丈夫さのバランス、電気を流しにくいなどの理由からいろいろなところに使われています。

どのような性質があるのかを確かめてみましょう。

用意するもの

バルサなどのやわらかい木材（ホームセンターなどで購入できます。バルサだと絶対に成功します）
シャボン液をつくる洗剤とそれを入れる容器

手順

1 木材を細長く切っておく。木目にそって切るものと、木目に90度のものを準備する。

バルサ

2 シャボン液を容器に入れて、泡ができることを確かめる。

14

（　やってみよう　）

① いろいろな木材をシャボン液につけて、反対側からふいてみよう。
② どのような場合に泡がブクブクできるのかを確かめよう。
③ 木材の中がどのようになっていたらふくらむのかを考えよう。

ミニ知識

木の中はどうなっているのかな

　木は生きていた時に根から吸った水を上にある葉に運んだり、葉でつくった栄養分を全身にめぐらせるために、0.01 ～ 0.5mmくらいの細い管が通っていて、中をいろいろなものが移動しています。
　木材によって、どのようなちがいが見られるのかを実験してみましょう。

失敗しないコツ

あまりにも細い・薄い木材だと、管が横に逃げていることもあるので、少し太め、厚めのものを使うようにしよう。

注意しよう

極端に強い力でふくのは、耳周辺などに悪影響があるので無理をしないようにしよう。
ストローのように吸うと、シャボン液が口に入ってくることがあるのでやめよう。

15

ゆらゆらモビール

もともとは、「立体彫刻」という意味のモビール。シーソーを組み合わせたような形ですが、どうしてバランスがとれているのかな。

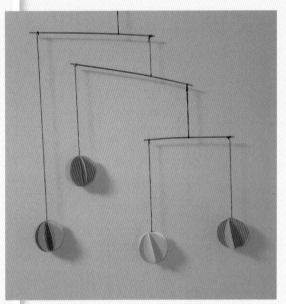

バランスをとりながら、ボールの数を増やすとボリュームがでるよ。

用意するもの

画用紙　はさみ　のり
たこ糸（20cm×4、30cm×1）
セロハンテープ
竹ひご（25cm程度）2本

手順

1 画用紙を直径6cmほどの円に切り、8枚をはり合わせてボールの形を3つつくる。円を2つ折りにして、のりづけをくり返す。

6cm

くり返す

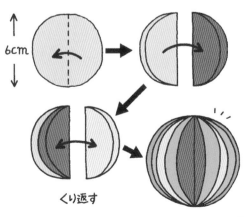

2 糸の片方に輪をつくり、輪の反対側にセロハンテープで1のボールにつける。

＊20cmの糸つきのボール2個、30cmの糸つきのボール1個。

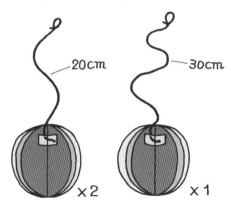

20cm　30cm

×2　×1

3 短い糸（10cm）のついた竹ひごの左右に2でつくったボールをとめる。

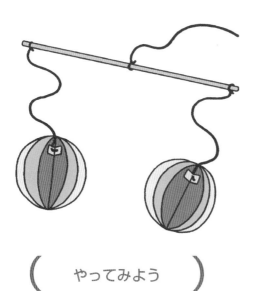

4 図のように、もう1本の竹ひごに残りのボールをとめる。

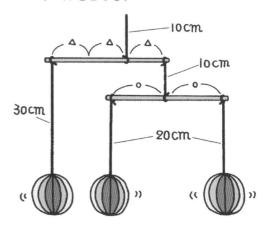

- 10cm
- 10cm
- 30cm
- 20cm

（　やってみよう　）

① 2つのボールのバランスをとってみよう。支えの糸を竹ひごの真ん中に、左右のボールを真ん中の糸から同じ長さのところにくるようにする。

② ①の竹ひごの支えの糸を、もう1つの竹ひごの端にとめてバランスをとってみよう。左右の重さがちがう場合、どうすればバランスがとれるかな。

ミニ知識

てこのつりあい

荷物の入ったカバンを伸ばした腕にかけてみましょう。肩の近くにかけた時と、手首にかけた時を比べると、手首にかけた時のほうが重く感じます。

支点から離れるほど、つりあいをとるのに必要な重さは軽くてよいのです。モビールはこうした支えからの長さと重さの関係を利用しています。

実験

失敗しない コツ

● 竹ひごは丸いものより、角のあるもののほうが糸がすべらない。

● バランスがとれたら、糸をテープやボンドで固定してもよい。

つりあいのとり方がわかれば、市販のかわいい飾りを使ってつくれるね

水中花火の不思議

燃えているものを水に入れると、
ふつうは火が消えてしまいますね。
ここでは、水に入れても消えない
花火をつくってみましょう。

用意するもの

水そう（大きく透明なガラス
の空きびんでも可）
花火　電子マッチ
セロハンテープ

実験

手順

1 花火の火薬部分にセロハンテープをきつく巻いていく。

火薬部分

きつく巻こう！

2 先のほうは火がつきやすいように、セロハンテープを巻かず、持ち手側は、中に水がしみこまないようにセロハンテープをねじって、すき間をなくす。

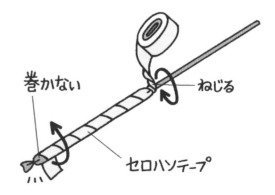

巻かない

ねじる

セロハンテープ

やってみよう

① 花火に火をつけ、火花が出はじめたら水そうの水の中に花火を入れる。花火を入れる時は、まっすぐ下向きに入れるとよい。

② 火が消えそうになったらいったん水中から出し、再び入れると燃やし続けることができる。

発展 水の色を変えてみよう

● でんぷんのりを溶かして青紫になったヨウ素液（ポビドンヨードが入っている、茶色っぽいうがい薬で代用可）を入れて色づけした水の中で花火を燃やすと、火薬が燃えてできた気体の成分と反応するため、色がなくなる。

ミニ知識 燃えるのは、酸素のおかげ

ものが燃えるにはふつう空気中の酸素が使われています。花火には、火薬と一緒に、熱くなると酸素を出す薬品が入っています。このおかげで燃え続けることができるのです。

注意しよう

● 火を使うので、大人の人と一緒にやろう。

● においのある煙が出るので、周囲のめいわくにならないよう、気をつけて屋外でやろう。

氷の中に花を咲かせよう

氷の中にできる花のような模様は、イギリスの物理学者チンダルが、アルプスの氷河の中で発見したことからチンダル像と呼ばれます。冷凍庫でできる氷で、チンダル像をつくってみましょう。

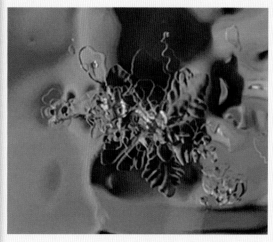

用意するもの

発泡スチロールの箱（家の冷凍庫に入る大きさ）
水　白熱電球
金属製のトレイなど平らなもの
ゴム手袋

手順

1 発泡スチロールの箱に、水を10cmほど入れる。

2 冷凍庫の強さを弱にし、フタをしないで発泡スチロールの箱を入れる。

冷凍庫に！

実験

3 10時間以上かけて、2〜3cmの厚さの氷をつくる。

2〜3cm

5 底が平らな容器に入れ、上から強い光を当てる。

何が
見えるかな？

4 氷を取り出し、平らな金属（ステンレス製のシンクの底でもよい）の上をすべらせて氷の両面を平らにする。

表面を
平らに…

（　やってみよう　）

チンダル像ができるようすを観察しよう

① 光を当ててしばらくすると、氷の中に丸い泡のようなものができる。
② 泡のまわりを注意して見ていると、雪の結晶のような形がだんだん広がってくる。
③ はじめはとても小さいので、虫めがねを使って観察するとよい。

氷を手に持って明るいほうに向け、光をすかして見るようにすると見えやすいよ

発展 氷の内部は赤外線という光で溶けている

● 日光や車のヘッドライトなど、いろいろな光で試してみよう。
● 赤外線ヒーターに当てると、もっとたくさんできるかな？

失敗しないコツ

氷のでき方によってチンダル像ができにくいことがある。ゆっくり冷やして、水の上のほうからこおらせ、2〜3cmの厚さの透明な氷を取り出すことが大事。

実験

発泡ビーズで静電気を起こそう

最近はカラフルな発泡ビーズ入りのふうせんが100円ショップなどで売られていますね。
発泡ビーズを使って、いろいろな実験をしてみましょう。

用意するもの

発泡ビーズ　ジッパーつきポリ袋
ペットボトル　発泡スチロールの板
定規　セロハンテープ
ティッシュペーパー

手順

1 発泡ビーズをジッパーつきポリ袋に入れてジッパーを閉じてよく振る。

よく振る！

2 発泡ビーズをよくかわいたペットボトルに入れてフタをしてよく振る。

シャカシャカ！

3 発泡ビーズがポリ袋やペットボトルの内側にはりつくようになったら、準備OK。

（　やってみよう　）

① ポリ袋の表面を指で触れて動かしてみよう。指の代わりにティッシュペーパーでこすった定規ならどうなるかな。ティッシュペーパーでこすったストローならどうなるだろう。

② 発泡スチロールの板をティッシュペーパーでこすり、その上に発泡ビーズを入れたペットボトルを乗せるとどうなるかな。

③ ペットボトルをたおさないように、静かに発泡スチロールの板を持ち上げるとどうなるかな。

発展 ビーズの動きを調べる

● 発泡ビーズを入れて振ったジッパーつきポリ袋をガラスや鏡、木の壁、金属のドアなど、いろいろなところにセロハンテープではって、ビーズの動き方を比べてみよう。一番大きく動くのはどこかな。

実験

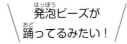

発泡ビーズが踊ってるみたい！

失敗しないコツ

片づける時は、静電気防止スプレーを袋やペットボトルの外からスプレーするとあつかいやすくなる。

発泡スチロール板の上に発泡ビーズを1つ置いて、指を近づけるとおもしろいよ

発泡ビーズ

高分子吸収体で
おもしろ実験

★★

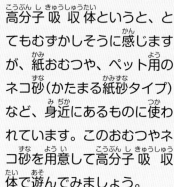

高分子吸収体というと、とてもむずかしそうに感じますが、紙おむつや、ペット用のネコ砂（かたまる紙砂タイプ）など、身近にあるものに使われています。このおむつやネコ砂を用意して高分子吸収体で遊んでみましょう。

用意するもの

紙おむつ
ネコ砂（かたまる紙タイプ）
バット　ボウル
計量カップ　スポイト
はさみ　ラップ　水
食塩

手順

1 計量カップに水をまずは100mℓ入れておく。

100mℓ

2 紙おむつをバットの中やラップなどの上に置いて、水があふれてもいいようにしておく。

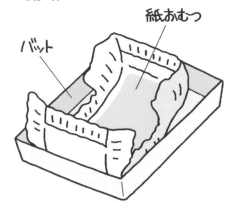

紙おむつ

バット

24

実験

3 ネコ砂を10粒ほどラップの上にかたまりにして置いておく。

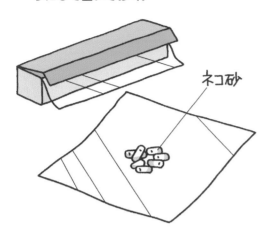

ネコ砂

実験が終わったら紙おむつは
トイレに流したりせず、
地域のルールに従って
ゴミとして捨ててね

ゴミ袋

ミニ知識

大量の水を吸収できるのはなぜ？

高分子吸収体は、細かな網が折りたたんだようになっています。そこに水がふくまれると、その網がどんどんふくらんで、大量の水をふくむことができるようになるのです。ところが、食塩をかけると、その網の中から水を追い出すようにはたらくので、どんどん水がしみ出してしまうのです。

（　　やってみよう　　）

① ネコ砂で実験する。
スポイトなどで、少しずつ水をかけていこう。どのくらいの水を吸いこむかな。完全に水がしみこんでから、2回目、3回目と追加していこう。

② ①の結果を元にして、紙おむつにはどのくらいの水が吸いこまれるのかを予想してみよう。

③ そのあと、水の量を計量カップではかりながらゆっくり紙おむつにかけて、どのくらい水を吸ったのかを確認しよう。

④ 水を吸わなくなったら、紙おむつを一部破って、中から高分子吸収体を取り出して、ボウルに移す。

⑤ ドロっとしたものが水を吸った高分子吸収体だ。それに食塩をかけて、どのように変化するのかを見てみよう。

実験

注意しよう

● 高分子吸収体を口に入れたり、高分子吸収体がついたままの手で目をこすったりしないようにしよう。
● 実験が終わったら必ず手を洗おう。

静電気で遊ぼう

実験

冬になると気になるのが、パチっとくる「静電気」。静電気は、自分でつくるのではなく、いつの間にかたまっているものですが、今回は自分で静電気をつくって、いろいろなものを動かしてみましょう。

用意するもの

ゴムふうせん　ストロー
クッキングシート
ティッシュペーパー
たこ糸　ネギなどの野菜

手順

1 ふうせんをふくらませておく。

2 野菜はたこ糸などで結んでおく。

ネギ

3 ストローをクッキングシートやティッシュペーパーで十分こすって、できるだけ細く水を出した水道の蛇口に近づける。

こする！

ティッシュペーパー

4 同じように、ふうせんをこすってから、蛇口に近づける。

どうなるかな？

こすったふうせん

5 ぶら下げた野菜に、こすったストローやふうせんを近づけてみる。

どうなる？

こすったストロー

（　やってみよう　）

荷づくり用のテープを細くさいて、こすってから空中に放り投げる。
同じようにこすった塩化ビニルの棒などを近づけると、反発して空気中をフワフワとただよわせることができる。

ミニ知識　「バチッ」とくるのはなぜ？

　ストローやふうせんを近づけると水が近づいてくるし、野菜なども動きます。これは静電気のせいです。電池にプラス極とマイナス極があるように、静電気にもあります。
　磁石のN極とS極が引き合うのと同じように、電気もちがう極同士だと引き合います。こすりあうことでプラス極とマイナス極の電気の粒のバランスがくずれてしまうので、どちらかがプラス極で、どちらかがマイナス極になっています。それで引き合うのですが、くっついてしまうとバランスがとれるのでもう引き合わなくなってしまいます。バチっとくるのは、バランスをとるために電気的な粒が移動するからなのです。

失敗しないコツ

空気が乾燥している冬に行うほうがより静電気を感じることができる。

実験

輪ゴムではかり
をつくる

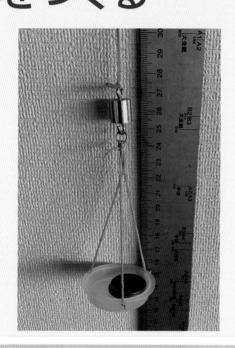

昔の人たちはいろいろなものを工夫して「はかる」しくみをつくってきました。わかりやすい例は、バネの伸びで重さをはかるバネばかりです。では、バネをゴムに変えたらどうなるでしょう。

用意するもの

輪ゴムなどいろいろな種類のゴム　定規
画びょう
おもりになりそうなもの
（10円玉など）
フック　カゴ　ひも

手順

1 ゴムを工夫して、ものをぶら下げられるように加工する。

ゴム

2 同じ重さのものをいくつか用意してぶら下げたりできるように加工する。カゴのようなものをぶら下げて、上に乗せていってもよい。

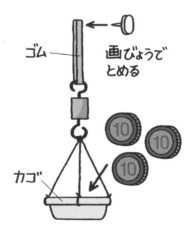

ゴム

画びょうで
とめる

カゴ

実験

3 ゴムを壁などにつけて、目印の位置を確かめておく。

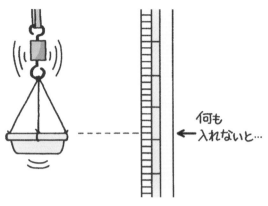

何も
入れないと… ←

4 おもりを増やしていき、データを集めよう。

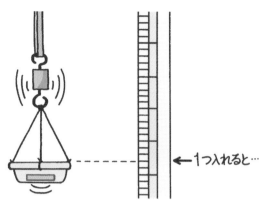

1つ入れると… ←

5 データを元にしてグラフをかいてみよう。

10円玉
3コだと…

10円玉
1コだと…

やってみよう

気をつけて探してみると、身の回りにはさまざまな種類のゴムがある。太さや長さのちがういろいろなゴムで実験をして、どのゴムが「はかりに適しているのか」を調べてみよう。

いろいろ
あるよ！

ミニ知識

バネばかりとゴムばかり

バネばかりは金属の線を巻いてつくったものです。バネはある範囲の中では加えた力にともなって伸び方が決まってきます。だからはかりとして使えるのです。

では、ゴムの場合はどうでしょうか。ゴムの種類や太さ・長さ、そしておもりの重さで使えるかどうかが決まってきそうです。いろいろな条件で実験をして比べてみましょう。

失敗しないコツ

目印をどうつけるのかがポイント。定規のめもりに合わせて、工夫した目印をつけよう。

★★

吸水スポンジで水のはたらきを調べる

岩石が川を流れ、湖や海にたどり着くまでの間、どのように変化していくのでしょうか。生花のアレンジメントなどで使われている吸水スポンジを使って、水の力とはたらきを見てみましょう。

用意するもの

吸水スポンジ（100円ショップや園芸店などで購入することができます）

カッターナイフ

びん（できれば中が見えないもの）

バット　水

手順

1 吸水スポンジをびんの口の大きさに合わせて、同じ大きさになるように立方体に切る。（あとで比較するために、同じ個数のスポンジを分けておく）

2 びんの1/3くらいまでスポンジを入れて水を注ぎ、フタをして、びんを1分間ぐらいはげしく振る。

水

1/3

シャカシャカ

3 中のスポンジをバットに取り出し、分けておいたスポンジとのちがいを記録する。

ちがいを記録！

4 バットからもう一度びんにもどし、また1分間振る。

びんにもどしてまた振る！

5 再度中を見て確認しびんにもどす、という作業を何度もくり返す。

どんどん小さくなるな！

何度もくり返そう！

やってみよう

① 同じくらいの大きさの石やふつうのスポンジなどを一緒に入れて、どんなちがいが出るのかを調べてみよう。

② 水を入れないで実験したらどうなるのか試してみよう。

注意しよう

● カッターナイフで切る時には、けがをしないように気をつけよう。
● かたいものを入れてびんを振る時に、びんが割れないように注意しよう。

びんを振る時には周りをよく見て、人やものにぶつけないようにね

ミニ知識

石をけずる水の力

身の回りを見てみると、いろいろな石があります。石は川の上流から、水の中を転がりながら下流に流れてきます。その間に、この実験のように、どんどんけずられて角が丸くなってきます。その時、出てきた粉のようなものが砂ということになります。石にもかたいものやわらかいものがありますから、けずれ方が変わってくることがよくわかります。

実験

31

かんたん ピンホールカメラ

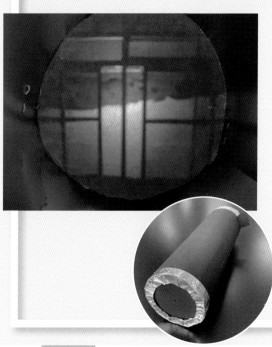

レンズを使わずに、小さな穴を通ってくる光を利用して像をつくるカメラを、ピンホールカメラといいます。手づくりピンホールカメラをのぞくとどんな世界が見えるかな？

用意するもの

裏が黒い工作用紙　黒い画用紙
トレーシングペーパー
アルミテープ　はさみ　のり
ホチキス　幅広の透明テープ
両面テープ　画びょう

実験

手順

1 工作用紙を27cm×40cmの大きさに切る。黒い面を内側にして巻いて、直径8cm、長さ27cmの筒をつくり、重なる部分をホチキスでしっかりとめる。その上からさらに幅広の透明テープでとめる。

2 トレーシングペーパーを筒より少し大きめの円形に切り、筒の片方にかぶせる。はみ出した部分に切りこみを入れて外側に折り、のりではりつける。これがスクリーンになる。

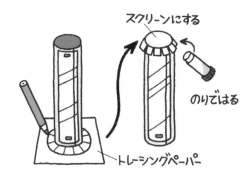

40cm
8cm
27cm

スクリーンにする
のりではる
トレーシングペーパー

3 黒い画用紙を図の大きさに切り、2の筒に巻きつける。かぶせた画用紙が筒の外側で軽く動く太さにして、両面テープでとめる。

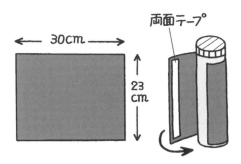

4 黒い画用紙を画用紙の筒と同じ大きさの円形に切り、筒の片方にかぶせてアルミテープですき間なくとめる。はった画用紙の中央に画びょうで小さい穴を開ける。

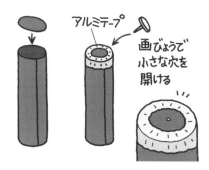

5 黒い画用紙を2cm幅で20cmくらいの長さに切る。4cmくらいはみ出すようにして両面テープで画用紙の筒の内側にはる。はみ出した部分を折り返して二重にしてつまみをつくる。

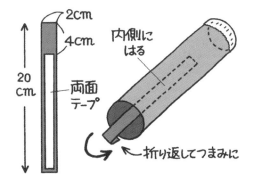

6 トレーシングペーパーと穴を開けた画用紙が重なるように、工作用紙の筒に画用紙の筒をかぶせて完成。

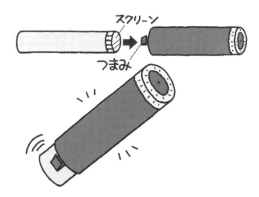

(やってみよう)

小さい穴を外の景色に向けて、
反対側からのぞいてみよう
① 画用紙のつまみを前後に動かして、スクリーンに外の景色がはっきりとうつる場所に調節する。
② 景色はどんなふうに見えるかな。
③ カメラを上下、左右に動かしてみよう。景色はどう動くかな。

ミニ知識　ピンホールカメラのしくみ

外から入ってくる光は穴を通ってまっすぐ進むので、スクリーンにうつる像は上下左右逆さまに見えます。

失敗しないコツ

画びょうで開けた穴以外から光が入らないように、黒い画用紙はアルミテープですき間なくはりつけよう。

実験

ペットボトルの不思議な水そう

ペットボトルが割れているのに、水がもれない不思議な水そうをつくってみましょう。

用意するもの

ペットボトル　バケツ
輪ゴム　カッター
油性ペン　水

実験

手順

1 ペットボトルの高さの半分くらいの位置で、真横から見て机と平行になるように、輪ゴムをかける。

輪ゴム

2 油性ペンで輪ゴムにそって、ペットボトルを半周するくらいまで線をひく。

半周

3 輪ゴムを外し、かいた線どおりにカッターで切りこみを入れる。

切り込み

4 カッターで切った上の部分を、口のあたりから指でつまんでしっかりと折り目をつけるようにしてへこませる。

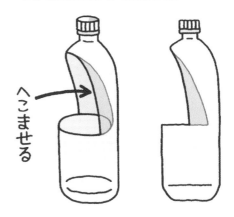

へこませる

(やってみよう)

水を入れて実験してみよう

① ペットボトルの高さくらいの深さのあるバケツに水を満たす。

② つくったペットボトルのフタを開けたまま立てて、バケツの水にしずめる。

③ ペットボトルのフタをしめて、そっと水から引き上げる。

ミニ知識

水がこぼれないのは、大気圧のしわざ

地球上にあるものはすべて、地球の周りにある大気の重さによっていつも周りから押されています。これを大気圧といいます。ペットボトルの水面も大気圧によっておさえられているので、水があふれることはないのです。

発展 いろいろな場所で試そう

● おふろ場や流しの中でペットボトルのフタをはずしてみよう。水はどうなるかな？

● 2ℓの大きなペットボトルでもできるか挑戦してみよう。

メダカを入れて、ここからエサをあげようかな

失敗しないコツ

へこませる部分の下の端が切りこみの線よりも上に上がっていると、ペットボトルの中に空気が入り、水があふれてきてしまう。上のほうから折り目をつけてへこませて、下がもち上がらないようにしよう。

実験

ピンポン玉で錯覚の世界

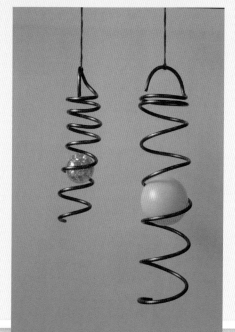

らせんが回ると、その動きにだまされて、移動していないのに、ピンポン玉が上がったり下がったりして見えます。そんな不思議ならせん（スパイラル）をつくってみましょう。

用意するもの

アルミワイヤー（太さ2mm以上）90cmほど
ピンポン玉　食品用ラップやアルミホイルの芯
マスキングテープ（幅1.5cm）
ししゅう糸　はさみ　ペンチ

手順

1 芯にマスキングテープを1.5cmぐらいの間隔で少しななめに巻く。

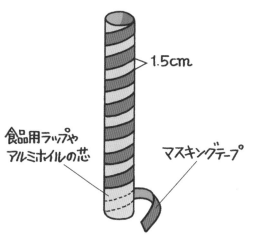

食品用ラップやアルミホイルの芯

マスキングテープ

1.5cm

2 最初2周はまっすぐに、残りはマスキングテープにそってワイヤーをななめに巻いていく。

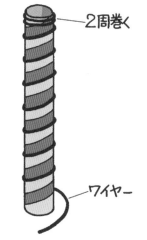

2周巻く

ワイヤー

実験

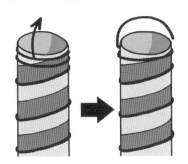

3 巻きはじめの円の半分（半円）を、ペンチで垂直に起こす。

＊ワイヤーに芯が入っている状態でやるとワイヤーの形がくずれない。

4 真ん中あたりにピンポン玉を横から入れる。

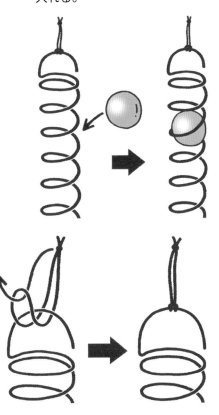

5 上の半円の真ん中に20cmほどのししゅう糸を結ぶ。

＊糸を真ん中でつまんで２つ折りにして、できた輪の部分をワイヤーの下に通したら、ワイヤーの上から、糸の輪に糸の反対のはしを通して引く。

やってみよう

① 一方の手でししゅう糸の上端を持ち、もう一方の手でししゅう糸をねじる。

② 手を離すとねじれた糸が元にもどろうとして回転し、ねじれがなくなると今度は反対向きに回る。

③ 回転の向きによって、らせんの中のピンポン玉が上がったり下がったりするように見える。

発展 らせんの回転のさせ方を工夫してみよう

● 糸のよりで回すのでなく、モーターやハンドルで直接回してみよう。

● 回転の方向を１方向にすると、ピンポン玉が上がり続けたり、下がり続けたりするように見える。

ななめの輪が回るところが錯覚のポイントなんだよ

失敗しないコツ ワイヤーを巻く時は、芯にワイヤーを押さえつけながら、芯を回すようにするときれいに巻ける。

スピーカーを
つくろう

音の出ているスピーカーをさわったことがありますか？　表面が出たり引っこんだりして、振動しているのがわかります。身近な材料でスピーカーをつくり、そのしくみを調べてみましょう。

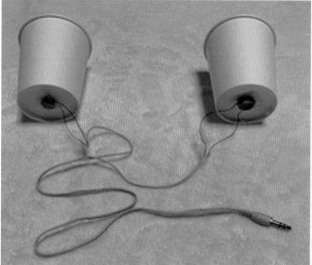

用意するもの

ラジオ用イヤホン
エナメル線
超強力マグネットミニ
紙コップ
ニッパー（はさみでも可）
セロハンテープ
鉛筆　紙やすり
チャッカマン

手順

1 エナメル線を鉛筆に30回くらい巻き、鉛筆からはずしたら、ほどけないようにセロハンテープではさむようにしてはる。両端の被覆を紙やすりではがす。

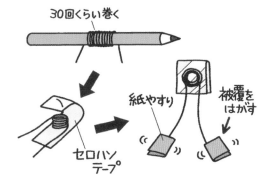

30回くらい巻く

セロハンテープ

紙やすり

被覆をはがす

2 イヤホンのコードを途中で切り、プラグ側の2本の導線を出して、それぞれ紙やすりで被覆をはがす。

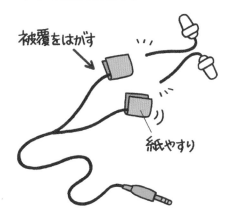

被覆をはがす

紙やすり

3 1と2の両端をそれぞれより合わせてつなぎ、セロハンテープではさむようにしてはる。

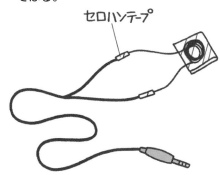

セロハンテープ

4 紙コップの内側の底の中央にマグネットをセロハンテープではる。

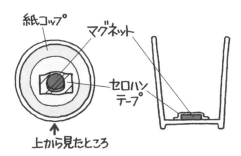

紙コップ　マグネット
セロハン
テープ

上から見たところ

5 内側のマグネットがエナメル線の輪の中央にくるように、底の外側からエナメル線の輪の部分をセロハンテープではる。

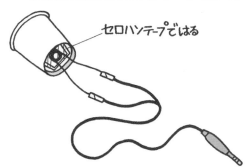

セロハンテープではる

(やってみよう)

スピーカーになっているか調べてみよう

プラグをスマートフォンやタブレットなどにつなぎ、ボリュームを最大にして、音楽などをかける。

実験

ミニ知識
音の正体は空気の振動

　音が聞こえるのは、空気の振動が耳の鼓膜に伝わるからです。スピーカーは空気を振動させる道具です。

　エナメル線をグルグル巻いたものをコイルといいます。コイルに音の信号（電流）が流れると、コイルのそばにある磁石に引き寄せられたり反発したりしながら振動します。この振動が紙コップをふるわせ、紙コップが空気を振動させて音が聞こえるのです。

発展　素材を変えてみよう

● 紙コップの代わりに、プラスチックコップや紙皿などは、スピーカーになるかな？
● ステレオイヤホンを使って、ステレオスピーカーにしてみよう。

注意しよう

● イヤホンの導線の被覆は、チャッカマンなどの火で軽くあぶり、溶かしてから紙やすりでていねいにはがそう。
● 導線はとても細くて切れやすいので、紙やすりで強く引っぱらないようにしよう。

太陽の高度を
はかってみよう

太陽の高さは、季節や1日の時間で変化します。かんたんな道具をつくって、太陽の高度を調べてみましょう。記録することで、いろいろなことがわかってきます。

用意するもの

ラップなどの筒　分度器
おもり　画びょうなど
両面テープ
糸（または細いひも）
厚紙
トレーシングペーパー

手順

1 筒の中に厚紙でつくった十字をはめこむ。

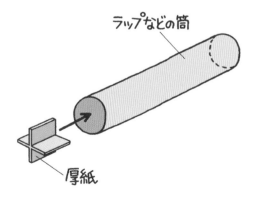

ラップなどの筒

厚紙

2 反対側にトレーシングペーパーをはりつけてスクリーンにする。

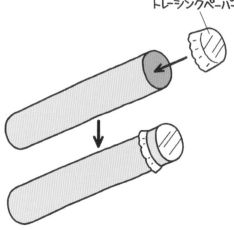

トレーシングペーパー

3 分度器に穴を開け、画びょうなどを通して、おもりをつける。

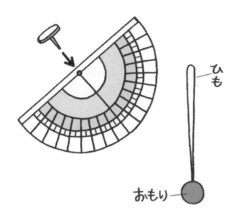

ひも

おもり

4 分度器を両面テープではりつける。

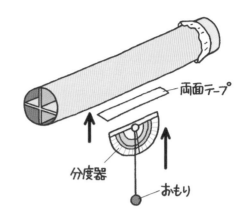

両面テープ

分度器

おもり

(やってみよう)

高度をはかろう

① スクリーンに十字がはっきりうつるように筒の向きを調整する。

② おもりつきの糸が何度を示しているのかを確認する。

③ 90度から②の角度を引いたものが現在の太陽の高度。

十字がはっきり見える向き

ここの角度を見る

同じ場所で調べるのがポイントだよ

発展 いろいろな時の高度を調べよう

● 季節によって太陽の高度はどう変わるだろう？

● 時間によって太陽の高度はどう変わるだろう？

太陽を肉眼で長時間見続けるのは絶対にやめよう！

失敗しないコツ

糸選びがポイント。たこ糸のような太いものではなく、細くて丈夫なものを選ぼう。

41

充電器で豆電球をつけよう

電動歯ブラシは充電器に立てて充電します。でも、歯ブラシも充電器もプラスチックでできていて、金属の部分は見当たりませんね。歯ブラシはどうして充電できるのでしょうか？ 歯ブラシに電気が生じる理由を調べてみましょう。

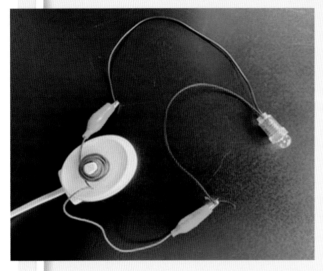

用意するもの

豆電球　豆電球のソケット
みの虫クリップつきの導線
電動歯ブラシの充電器

実験

手順

1 豆電球のソケットから出ている2本の導線に、みの虫クリップの両端をつなぎ、導線で輪をつくる。

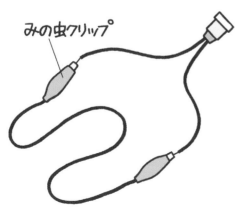

みの虫クリップ

2 豆電球をソケットにしっかりとねじこむ。

3 電動歯ブラシの充電器をコンセントに差しこむ。

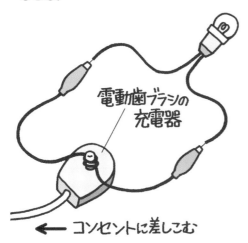

コンセントに差しこむ →

ミニ知識
充電器のしくみ

　導線をグルグル巻いたものをコイルといいます。コイルに電流が流れると、電磁石になります。実は充電器の中にはコイルがあり、これにコンセントからの電流が流れると、電磁石のN極とS極が高速で入れかわっているような状態になります。この近くに別のコイルを置くと、電磁石の影響で別のコイルにも電流が流れるのです。この時生じる電流を誘導電流といいます。

失敗しないコツ

- 豆電球は1.5ボルト用を使う。
- 充電器の突起や穴にぴったりはまるように巻きつけるとよい。

(やってみよう)

どうすれば豆電球をつけることができるだろう

① 突起のある形の充電器なら、突起の周りに導線をグルグル巻きつけていく。
② 穴の開いた形の充電器なら、ペンなどに導線をグルグル巻きつけて、穴の中に差しこむ。

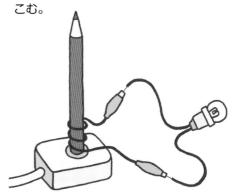

発展：豆電球を明るくする工夫

- 導線の代わりに、エナメル線を使ったらどうなるかな。
- エナメル線を鉄くぎに巻いたらどうなるかな。

エナメル線　　くぎ

実験

いろいろな植物を炭にしてみよう

まつぼっくりやレモン、落花生などを炭にしたものを「お花炭」といいます。手づくりのお花炭をカッコよく飾って、和風インテリアをつくってみよう。

用意するもの

空き缶　アルミホイル
針金　カセットコンロ
つまようじ　はさみ
炭にする素材

実験

手順

1 シワにしたアルミホイルを空き缶の底に入れる。

アルミホイル

アルミホイル

2 炭にしたいものを缶の中のアルミホイルの上に乗せる。缶の側面に触れるようなら、シワにしたアルミホイルを間にはさむとよい。

3 アルミホイルでフタをし、針金でまわりをしばるようにしてとめる。

針金

4 フタのアルミホイルの中央に、つまようじで小さな穴を開ける。

5 缶をコンロに乗せて加熱する。

6 穴から出てくるけむりがなくなったら、火を止める。

カチッ

実験

(やってみよう)

お花炭を飾ろう
① 十分に冷めてからフタを開ける。
② かごや和紙に乗せたり、ワイングラスに入れたりして飾り方を工夫してみよう。

キャンプの時などに
集めたものを炭にして
みるのも楽しいよ

発展 いろいろなものに挑戦してみよう

● 花や葉など変形しやすいものはもみがらや砂などで、ていねいにすき間をうめるとよい。

失敗しない
コツ

水分の多いくだものなどは失敗しやすいので、さけたほうがよい。

スマホの画面で調べる

★★★

画面をタッチして操作するスマートフォンやタブレット、ゲームなどがあふれています。
どうして画面をタッチして命令することができるのか、一般的なスマートフォンを使っていろいろな実験をしてみましょう。

用意するもの

スマートフォンやタブレット
【タッチするもの】
果物　魚肉ソーセージ
ボールペン　乾電池
アルミホイル　割りばし
ペットの足

手順

1 スマートフォンを準備して、ペンで文字や絵をかけるアプリケーションを起動する。

文字や絵が
かける
アプリケーション！

2 画面にタッチし、調べるものを準備して、記録用の表をつくっておく。

いろいろ
ためしてみよう！

実験

3 実際にいろいろなもので画面にタッチして絵をかき、触れ方などを調整する。

まずは指で！

4 それぞれの結果を記録して、どのようなことがわかるのかを考える。似たようなものを探し出して実験を広げていく。

次は何でためそうかな？

実験結果

ミニ知識
静電気の役割

最近のスマートフォンの多くは、静電気を感知して指やペンの位置を確かめています。画面の表面はいつも弱い静電気でおおわれています。静電気に反応しやすいもので画面を触ると、表面の静電気の量が変化して、その場所を判断しているのです。

静電気に反応しにくい物質でいくら触っても反応しないのはそのためです。

また、反応するものでも、静電気をどれだけ変化させられるのかが重要になってきます。そのため、今の段階では、シャープペンシルのように細いペン先のものをつくり出せずにいるのです。この先の技術の進歩が楽しみな分野です。

発展　指に代わるものを考えよう

● 指のように、うまく反応させられるものをつくるためにはどのようにしたらいいのか考えてみよう。

注意しよう

● かたいものやぬれたものでスマートフォンの画面を触ってこわさないように気をつけよう。
● 静電気で動くタイプの画面以外では反応しない。

ふうせんを吸いこむ フラスコ

丸底フラスコの中にふうせんがすっぽり。一体どうやってふくらませたんだろう？

用意するもの

丸底フラスコ　ふうせん　スタンド
加熱器具（ガスバーナーやアルコールランプなど）
水　沸騰石か植木鉢のかけら　時計
三脚*　金網*（＊加熱器具にカセットコンロを使う時は必要ない）

手順

1 ふうせんは一度大きくふくらませて、ゴムを伸ばしておく。

一度
ふくらませて
おく！

2 丸底フラスコに水を少し入れ、沸騰石（または植木鉢の小さいかけら）を２、３粒入れる。

沸騰石

3 丸底フラスコをスタンドに固定し、三脚と金網の上に乗せ、加熱器具で加熱する。

4 水が沸騰したら火を止め、沸騰がおさまるまで少し待つ。

沸騰がおさまるまで待つ！

5 丸底フラスコの口にふうせんをかぶせ、そのまま放置する。

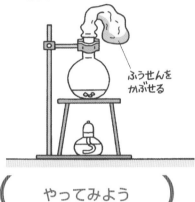

ふうせんをかぶせる

6 ふうせんに変化が出はじめたら、そっと指でふうせんを上に押し上げる。

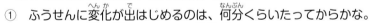

(やってみよう)

ふうせんをかぶせたら、時間を計ってみよう

① ふうせんに変化が出はじめるのは、何分くらいたってからかな。

② ふうせんが中に入りこむのは、何分後かな。

③ ふうせんが完全に中でふくらむのは、何分後かな。

大気圧って、すごい力だな

急にスポッと入っていったよ

ミニ知識

気体の水蒸気が液体の水になると、体積はちぢむ

フラスコの中の水が沸騰した直後、フラスコの中は水蒸気でいっぱいです。この時、ふうせんでフタをすると、水蒸気は冷えて水になって体積がちぢむので、フラスコ内の空気はほとんどなくなります。そして、フラスコの外側にある空気による大気圧で、ふうせんは中に押しこまれるのです。

注意しよう ふうせんをかぶせる時、水蒸気でやけどをしないように気をつけよう。ここは大人にやってもらおう。

石こうで火山モデルをつくる

ホームセンターや100円ショップで手軽に手に入る石こうを利用して、日本にたくさんある火山の噴火モデルをつくってみましょう。

用意するもの

石こう　洗たくのり（PVAタイプ）
重そう　割りばし　カップ　水
ジャムなどのびんやプリン型のカップ
キッチンスケール（はかり）
新聞紙など

実験

手順

1　ジャムの容器のフタや、プリン型カップのフタに穴を開けておく。

フタに穴を開けておく
ジャムのびん

2　基本の石こう液の量を参考に、容器の大きさに合わせて計りとる。（石こう30g・洗たくのり30g・水30g・重そう10g）

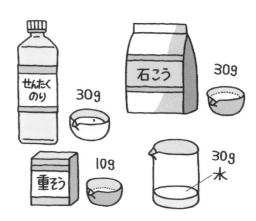

せんたくのり　30g
石こう　30g
重そう　10g
水　30g

50

3 石こうに重そうをまぜる。次に洗たくのり を入れた水を一気に入れてよくかきまぜ、 すべてをまぜ合わせたらすぐにフタをする。

4 すぐに泡と一緒に石こうがふき出して くるので、ふき出すようすをよく観察 しよう。

洗たくのり＋水

石こう＋重そう

すごい！

新聞紙

（　やってみよう　）

水の量を調整して、石こうの濃度を変化さ せると、噴火の仕方が変化する。どのような 形の「山」になるのかを見てみよう。

実験のあとの石こうは、 燃えないゴミとして 捨てましょう

ゴミ袋

実験

ミニ知識

山の形はどうなっている？

日本にはたくさんの火山があります。火 山によって噴火の仕方がちがいます。それ は噴火の元になっているマグマの性質がち がうからです。ねばり気の強いマグマは鐘 のような形、ねばり気の弱いマグマだと、 平たい山になります。石こう液をつくる時 に、水の量を調整すると山の形を変化させ ることができます。石こうは時間がたつと かたまりますので、いろいろな形の山をつ くってみましょう。

注意 しよう

● 実験は必ず新聞紙などを広げ て、その上で行おう。

● かたまる前の石こうをシンク などから下水に流すと、途中で かたまってしまうので注意。

パイプで音階をつくる

学校で使っているリコーダーは空気の振動で、カスタネットは本体の振動で、ピアノは弦をハンマーのようなものでたたくことで音を出すなど、さまざまな方法で音程の調整をしています。
実際にアルミパイプなどを使って、いろいろな音が出るパイプをつくってみましょう。

★★★

用意するもの

アルミパイプ（100円ショップやホームセンターで購入できます）
パイプカッター　定規
紙やすり
たこ糸またはテグス
画びょう　セロハンテープ

手順

1 アルミニウムのパイプに、いろいろな長さで目印をつける。

アルミパイプ

目印を
つける！

2 パイプカッターにはさみこんで、順番に切断していく。

パイプカッターで
切断していく！

3 指などが切れないように切断面は紙やすりなどでこすっておく。

こすっておく！

紙やすり

ミニ知識
音が鳴るのはなぜかな

音というのは、ものの振動が空気を振動させてそれが耳に届くことで聞こえます。耳の中の鼓膜が振動するのです。もともとの振動の数が多ければ高い音、振動の数が少ないと低い音に聞こえます。音階を正確に出すためには長さの微調整が必要です。

注意
しよう

パイプカッターの切り口で、手を切らないように気をつけて取りあつかおう。

やってみよう

① いろいろな長さに切断したパイプを机や床に落として、音が響くことを試してみよう。

② 長いパイプと短いパイプでどちらが高い音なのかを調べよう。

③ 長さの順に並べて、順番に鳴らしてみよう。

④ たこ糸やテグスなどをセロハンテープでパイプにつけて画びょうなどを使ってぶら下げよう。

⑤ ペンなどでぶら下がったパイプをたたいて音を鳴らしてみよう。

発展 ### いろいろな音階に挑戦しよう

● アルミパイプを細い針金などでうまく固定して、おたがいがぶつかるようにしてドアベルや風鈴のようにして使ってみよう。

● もっと広い音階にするにはどうしたらよいのかを考えてつくってみよう。

家にあるラップの芯などもいろいろな長さに切って音を出してみよう

実験

カタバミの葉で 10円玉をみがく

3つのハートが集まったようなカタバミは、道ばたや公園などでよく見かけます。このかわいい草を使って、10円玉をピカピカにしてみましょう。

用意するもの

カタバミの葉数枚
10円玉

観察

(やってみよう)

① 葉っぱを1枚水で洗ったら、かんでみる。すっぱい味がすることを確認してからはじめる。

洗った
カタバミ

すっぱい

② カタバミの葉っぱ数枚をクシャクシャに丸めて10円玉をこする。古くて茶色い10円玉がピカピカの新しい10円玉のようになる。

わあ！

ピカピカに！

発展 野菜でも試してみよう

- ほうれん草やブロッコリー、レタスでもやってみよう。
- ショウガの断面でもきれいになるかな。赤い色のカタバミでも同じようになるかな。

どの野菜が一番きれいになるのかな

ショウガ

赤い色のカタバミ

ほうれん草

レタス

ブロッコリー

ミニ知識 どうしてすっぱいの？

　カタバミを口にふくむと、口の中にすっぱい味が広がります。それは、主に「シュウ酸」という成分のせいです。すっぱい味で虫に食べられないようにして身を守っているのです。

　ところが、ヤマトシジミという小さなチョウの幼虫は、この葉をエサにしています。他の虫は食べないので、ライバルが少ないというわけ。植物も動物も生き残るための作戦ですね。

　シュウ酸は、上の野菜のほか、タケノコやサツマイモ、ピーナツなどにも多くふくまれています。

タケノコ

サツマイモ

ピーナツ

すりつぶした葉は、鏡みがきや虫さされにきく薬草としても利用されていたんだって。

かわいいだけじゃなく、役に立つ草なんだね

タンポポの綿毛の
ドライフラワー

黄色い花をつみ取ることはかんたんだけど、綿毛になったタンポポをそのままつみ取ることはむずかしいですね。びんの中で綿毛を開かせ、ポンポンのような形のまま保存してみましょう。

観察

用意するもの

たんぽぽの綿毛のつぼみ　ジャムの空きびんなどフタつきの透明容器
アルミワイヤー（太さ1mm）
ペンチ（ワイヤーを切ったり曲げたりするのに使用）　両面テープ
乾燥剤（シリカゲル）

手順

1 翌日開きそうな綿毛のつぼみを採集する。茎がまっすぐ伸び、花のつけ根の三角の葉が下向きに開いているのが目安になる。

2 ペンチを使って、ワイヤーの一方を丸めて立つような形に整える。

3 花の大きさより長めにワイヤーをカットし、両面テープでフタの内側につける。

4 ワイヤーにタンポポの茎をさし、フタをする。（フタを下にしておく）

5 日当たりのよい窓辺などに置いておくと1日か2日で綿毛が開く。

びんの中に乾燥剤（お菓子などに入っているシリカゲル）を入れると、びんがくもらず、早くできるよ

びんがくもらない！

シリカゲル

観察

（　やってみよう　）

① 黄色い花のつけねを指で押して花を広げてみよう。花びらごとに先の丸まっためしべが、その反対は子房（タネの元）があるのが見える。つまり花びらのように見えるのが1つの花で、実はたくさんの花の集まりなんだ。

② 綿毛から熟したタネをとることができたら、しめらせた脱脂綿の上に置き、発芽させてみよう。

どんな芽がでるかな？

脱脂綿

長めに

綿毛は丸く広がるから、茎の長さに余裕をもたせることが大事だよ

参考文献『たんぽぽ』（文・絵／荒井真紀／金の星社）

オリオン座を
つくる

冬の星座の代表といえばオリオン座ですね。ところが2019年の秋頃から、オリオン座をつくっている星の1つが暗くなっていて、爆発してしまうのではないかと話題になりました。夜空に見えるオリオン座を立体的につくってみて、星の世界を考えてみましょう。

観察

用意するもの

まち針（頭の部分が赤いもの1本、青いもの1本、白いものを5本）
食品用トレイ（できればたて長で深めのもの）

手順

1 食品トレイを裏側にして、めもりをつけていく。その時、右の図を参考にして印をつける。

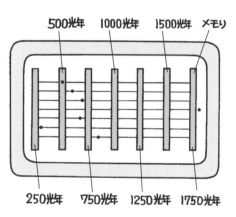

500光年　1000光年　1500光年　メモリ

250光年　750光年　1250光年　1750光年

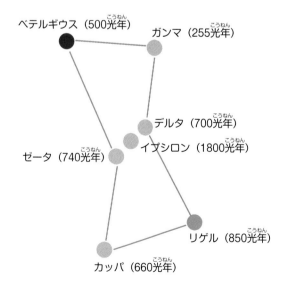

ベテルギウス（500光年）
ガンマ（255光年）
デルタ（700光年）
イプシロン（1800光年）
ゼータ（740光年）
リゲル（850光年）
カッパ（660光年）

2 それぞれの場所にまち針をさす。ベテルギウスの距離には赤、リゲルの位置には青の針をさそう。

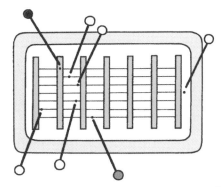

4 真上から見て、地球とオリオン座の星々の位置関係を確かめよう。

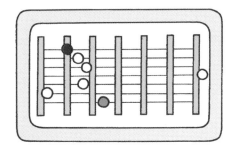

3 地球側から見て、それぞれの星の高さを調整し、オリオン座の形に見えるように工夫する。

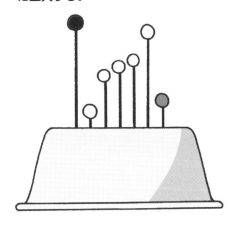

（　　　　やってみよう　　　　）

立体星座をつくろう
いろいろな星座のデータを元にして、星座を立体的につくってみよう。

夏の星の代表である
さそり座をつくって
みたいわ

注意しよう

まち針の長さを調整する時、下に置いたものや、指にさしたりしないように気をつけよう。

ミニ知識 星座物語

夜見える星は、どの星も地球からとても遠くにあります。あまりにも遠くにあるために、その距離を目で感じることができないのです。そこで、プラネタリウムのように、どの星も同じようなところに見えるのです。

実際には特徴的な形になるように人間が物語をつくり、当てはめて考えたものが星座です。月がもっとも近い星ですが、星として考えると小さな月も、近くにあるから明るく見えるのです。星空をながめて明るく見える星の多くは近くにあるか、とても大きな星ということになります。

観察

表面張力を調べる

コップの中に水を入れていくと、コップのふちよりも少し盛り上がった位置までこぼれずに入れることができます。表面張力という現象です。身の回りのものを使って、水の表面張力を実感しましょう。

用意するもの

水　ヨーグルトやプリンなどの
アルミのフタ
クッキングシート
アルミホイル、ラップなど
コップ　スポイト　かたい板
画用紙など　接着剤

観察

手順

1 実験に使う予定のシート類を同じ大きさに切って台紙にはりつける。

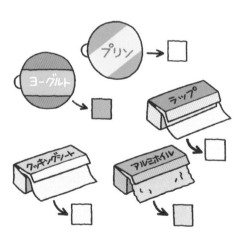

2 容器に水などを準備しておく。

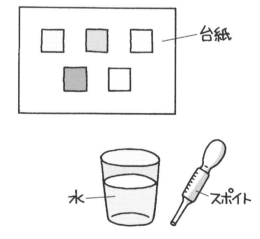

台紙

水　スポイト

3 水平な机などの上に紙をしいた板を用意し、その上に 2 を置く。

紙をしいた板

台紙

4 それぞれのシート類に一滴の水をたらして、ようすを観察する。

水を一滴！

5 観察が終わったら、少しずつ板ごとかたむけて、水の動きを確認する。

どうなるかな？

発展 他の液体で試そう

● 水以外の液体ではどのようになるのかを調べてみよう。

注意しよう

シートに乗せた液体は、大変移動しやすくなるので、こぼさないように気をつけよう。

観察

ミニ知識 ヨーグルトのフタの秘密

わたしもハスの葉の上の水玉を見たことがあるわ

　ヨーグルトのフタの内側には、ヨーグルトがつかないような工夫がしてあります。触ってみるとわかるように、アルミの表面に何かをコーティングしてあります。これはある生物の体のつくりを参考にしてつくり出されました。それはハスの葉です。ハスの葉の表面には特徴的なつくりがあって、水をはじくようになっています。その構造をフタにつけることで、ヨーグルトがつかなくなったのです。このような技術を生態模倣技術（バイオミメティックス）といいます。今はいろいろなところでこのような技術が使われています。

葉脈標本をつくる

植物の葉を見ると、いろいろな模様があることがわかります。その模様を葉脈と呼んでいます。その模様の元になっている「葉脈」を、薄い葉から取り出して標本にしてみましょう。

用意するもの

かたい葉(ツバキやヒイラギなど)
液体のパイプ洗浄剤　漂白剤
古い歯ブラシ　鍋　ボウル
あれば保護メガネ　ゴム手袋

観察

手順

1 標本にできそうなかための葉を集めておく。

2 一度葉をゆでてやわらかくしておく。

3 液体のパイプ洗浄剤にやわらかくなった葉を入れる。

パイプ洗浄剤

4 1時間おきくらいにようすを確認し、黒くなってきたら取り出して水洗いする。

水洗い！

5 水で流しながら葉を古い歯ブラシでたたき（こすると破れる）、葉肉の部分を取りのぞいて葉脈だけにする。

歯ブラシでたたく！

6 葉肉が取れたら、注意して漂白剤の中に入れる。

漂白剤

7 取り出して水洗いし、乾燥させたら完成。

水洗いして乾燥！

観察

発展 オリジナル小物づくり

● できた葉脈標本をインクなどでそめてから乾燥させてラミネートしたり、表面をレジンでコーティングすると、きれいで長持ちするしおりやアクセサリーができる。

見て見て。わたしがつくったのよ

注意しよう

利用する薬品はアルカリ性で、皮膚につくと危険。特に目に入ると大変なので、できれば保護メガネをして実験しよう。

この実験は大人の人と一緒にやってね

ミニ知識 植物の葉と光合成

植物は葉で光合成をして栄養分をつくり、全身に送っているのです。光合成をするには、水が必要です。その水は根から吸収されて葉まで運ばれます。栄養分を全身に送るための管や水を運びこむための管が束になったものが葉脈です。葉脈は植物の種類によって大きく「網目状」のものと「平行」のものに分けられます。葉脈標本をつくるには、網目状で葉に厚みのあるものがおすすめですが、なれてくると薄い葉でもつくることができます。

●プロフィール●

青野裕幸 (あおの　ひろゆき)
「楽しすぎるをばらまくプロジェクト（tanobara.net）」代表。
「新しい生活様式」を強いられる時代になってしまいました。しかし、
そんな中だからこそ、身近なものを利用して実験してみるというのも
ありだな……と、最近特に思っています。
この本をきっかけにそんなスイッチが入ったらいいなと思います。

相馬惠子 (そうま　けいこ)
青森県公立中学校教員。
県内や北東北の理科の先生方とともに、楽しい実験や授業づくりをし
ています。この本を通して，たくさんの子どもたちが実験・観察を好
きになってくれたらうれしいです。

富田　香 (とみた　かおり)
科学サークル「ダ・ヴィンチクラブ」主宰。
小学校理科支援員・学習塾講師。
かんたんに手に入るものを使っての実験・工作が好きです。その中で、
サークルの子どもたちに特に人気のものを紹介しました。みなさん自
身がさらに工夫して楽しんでくれることを願っています。

撮影●青野裕幸・相馬惠子・富田　香
イラスト●種田瑞子　編集●内田直子　本文DTP●渡辺美知子

身近な材料で Kids おもしろ科学実験ラボ

2020年7月26日　第1刷発行

著　者●青野裕幸・相馬惠子・富田　香ⓒ
発行人●新沼光太郎
発行所●株式会社いかだ社
　　　　〒102-0072東京都千代田区飯田橋2-4-10加島ビル
　　　　Tel.03-3234-5365　Fax.03-3234-5308
　　　　E-mail　info@ikadasha.jp
　　　　ホームページURL　http://www.ikadasha.jp/
　　　　振替・00130-2-572993
印刷・製本　モリモト印刷株式会社

乱丁・落丁の場合はお取り換えいたします。
Printed in Japan
ISBN978-4-87051-543-7
本書の内容を権利者の承諾なく、営利目的で転載・複写・複製することを禁じます。